京都で月に一度おこなわれている、『源氏物語』の勉強会である「紫香の集い」は出席者への呈茶から始まる。そこでは毎回の『源氏物語』の内容に応じて、著者の梶 裕子と御菓子司「聚洸」とで創意工夫した主菓子がお茶とともに供されている。『源氏物語』の内容もさることながら、その貴重なお菓子が梶 裕子によって選ばれた器にどのように盛られるかが、出席者のもう一つの楽しみにもなっている。本書は、その京都「紫香の集い」の六年間にわたる活動の記録をまとめたものである。

御《お》菓《か》子《し》司《し》 聚《じゅ》洸《こう》の源氏物語

梶 裕子（うつわや あ花《か》音《ね》・主人）

光村推古書院

はじめに

福嶋　昭治

京都「紫香《しこう》の集い」。祇園新門前通の梶古美術店の二階を会場として、店主の妻である梶裕子さんのお世話で、二〇一四年一〇月から始まった月に一度の源氏物語講読の会である。物語の巻を順に追いながら、原文に私が評釈を加えるという形で、二〇二〇年の一二月には終焉を迎えようとしている。

源氏物語は、千年前に書かれた当時から、熱心な読者を獲得した作品であった。平安時代の文化人として最高の評価のある藤原公任《ふじわらのきんとう》が源氏物語を読んでいたことは、紫式部日記の一〇〇八年一一月一日の記事で確認できるし、更級日記の作者菅原孝標《すがわらのたかすえ》の娘が、父の任国である上総から帰京の翌年、叔母から得た源氏物語を読みふけったのは、彼女が数え十四歳の一〇二一年のことであった。

源氏物語はその後の千年にわたって、時代と階層の違いを越えて読み続けられた。その享受の長い積み重ねがあってこそ、源氏物語は千年を経た今もかなり細かく読むことができるようになっている。物語には三世代の人生と最初の世代を生み出す世代を合わせて足かけ四世代、つまり光源氏の父と母から語り始められ、光源氏とその息子の夕霧、孫に当たる世代の薫と匂宮《におうのみや》の人生模様が描かれている。

源氏物語を読むということは、その劇的物語展開を追う興味深さと同時に、表現の細部に込められた人情の機微に触れるという楽しみと意義がある。今読んで楽しくかつ教えを受け取ることのできる作品である。

京都「紫香の集い」に参加する毎回三十数名の方々は、それぞれの人生を様々の立場で築き上げ、なおいかに生きるべきかという問題を真摯《しんし》に考え続けている方々である。そういう人々に源氏物語を語ることは、私にとっては実に楽しい時間であった。行間から読み取ることのできる「人生の真実」を、実感に基づいて共感していただけるからである。

京都「紫香の集い」の楽しさは、もう一つ。集いは、毎回の出席者への呈茶から始まる。ご自身も南禅寺参道に「うつわや　あ花音《かね》」という陶器ギャラリー・店舗を営む梶裕子さんの目で選ばれた茶碗と菓子器が用意される。菓子器には毎回の源氏物語の内容に応じて、梶裕子さんと和菓子舗「聚洸《じゅこう》」さんとで工夫・創作された主菓子《おもがし》が盛られている。それこそは、口福を感じるひとときであるということはこの著書をひもとく方々なら、十分推察いただけることであろう。

六年以上の長きにわたって、そうした楽しみを味わう機会を与えてくれた源氏物語という古典の偉大さを改めてかみしめるばかりである。

（ふくしま　しょうじ・源氏物語研究家）

御菓子司 聚洸の源氏物語◎目次

第三章 宇治十帖

第一章　かがやき

第一巻 — 桐壺《きりつぼ》 — 物語の出発

「いづれの御時《おんとき》にか」

この冒頭から八十万字とも九十万字ともいわれる源氏物語が始まる。

天皇から大層愛された桐壺更衣《きりつぼのこうい》は美しく輝くような皇子を産む。光る君と呼ばれる主人公が誕生する。三歳で母を、六歳で祖母を亡くし、後ろ盾を持たない皇子は天皇の配慮で源という姓を賜り、臣下におりる。天皇には桐壺更衣によく似た藤壺《ふじつぼ》が入内《じゅだい》する。元服した源氏は左大臣家の娘葵《あおい》の上《うえ》と結婚させられる。理想の人藤壺に憧れながら、ままならない人生を歩んでゆく。

菓　子　紫式部／きんとん

紫式部が美しく実をつける頃、物語を読み始める。お菓子は紫式部の実を乗せたきんとんに。

うつわ　黄釉《おうゆう》土器《どき》皿《ざら》／十五代 永樂正全《えいらくしょうぜん》 作

黄釉の華やかさに、お話を読み進めていくワクワクした気持を込めて。

第二巻 ― 帚木《ははきぎ》 ― 雨夜の品定め

源氏十七歳。五月雨の一夜、宿直のつれづれに女性論を交わす。源氏の知らない中流女性との恋が語られる。義兄頭中将《とうのちゅうじょう》は常夏の女と呼ばれた夕顔の話をする。源氏は方違えで泊った紀伊守の屋敷で人妻の空蝉《うつせみ》と結ばれる。帚木《ははきぎ》は伝説の大木。遠くで見ると見えるのに、そばに行くとわからなくなる木。近づこうとすると逃げる空蝉を帚木に見立てた。

菓　子　たまずさ／こなし
お菓子はたまずさ。たまずさは手紙のこと。狭い意味では恋文の結び文のこと。

うつわ　粉引皿《こひきざら》／岸野《きしの》寛《かん》作
やさしい粉引皿が菓子をそっと受け止める。

菓子　薄衣《うすごろも》／羽二重《はぶたえ》（雪平《せっぺい》）
空蝉が源氏から逃げるときに脱ぎ滑らせた小袿《こうちき》のイメージから、夏の薄衣を羽二重で。

うつわ　白磁《はくじ》草花《そうか》文皿《もんざら》／加藤泰一《かとうひろかず》作
空蝉の心のひだを刻文皿にうつして。

空蝉は源氏に打ち解けない。自分のような者を源氏が愛してくれるはずはない。源氏にとって、手ごたえのある人は初めてで、忘れられない人になっている。

第三巻—空蝉《うつせみ》—空蝉物語

第四巻―夕顔《ゆうがお》―夕顔物語

夕顔との出逢い。夕顔の咲いている家で花を所望《しょもう》すると、女は白い扇の香りをたきしめたものに、夕顔を置いて差し上げた。そこには歌が書かれている。源氏は女の身分もわからないまま通うが、八月十五夜の満月の次の夜、夕顔は突然亡くなってしまう。

菓　子　夕顔／かるかん
お菓子はかるかんで扇面《せんめん》を。焼き印は夕顔の花。

うつわ　黒柿入隅皿《くろがきいりすみざら》／佃《つくだ》 眞吾《しんご》 作
「されたる」は「しゃれたる」。洒落た、洗い流した美しさを黒柿の皿にみて。

第五巻　若紫《わかむらさき》　若紫との出合い・藤壺との逢瀬

菓子　若紫《わかむらさき》／浮島《うきしま》

お菓子は浮島。若紫の着物、山吹かさねの山吹と紫色で。

うつわ　銀《ぎん》はけめ平向《ひらむこう》／北大路《きたおおじ》魯山人《ろさんじん》 作

若紫は紫のゆかりの少女。銀彩のうつわに二色がよく映える。

源氏十八歳。春三月源氏は北山でのちに紫の上となる若紫と出合う。

なぜこの娘に引き付けられるのか。

限りなく心を尽くす義母藤壺に似ているからと気づき、しみじみ涙する。

夏四月、藤壺との二度目の逢瀬により藤壺は懐妊する。

菓　子　べにばな／わらび餅

お菓子はわらび餅。中は赤のあんに。

うつわ　猩々《しょうじょう》緋《ひ》皿《さら》／山田《やまだ》 晶《あきら》 作

鼻が赤いという末摘花には猩々緋の名をもつこの緋色のうつわを。

第六巻 — 末摘花《すえつむはな》 — 末摘花物語

末摘花は今の紅花。身分の高い姫君であるが、父の死後は貧困の中に暮らす。
雪の降る朝にみた末摘花の容貌は、まず背が高く背中が長い。
鼻は象のように長く、寒さでかじかんでその先は赤くなっていた。
やせた体、女君にふさわしくない毛皮を着ていると細かく描かれる。

第七巻 ― 紅葉賀《もみじのが》 ― 青海波《せいがいは》の舞

父桐壺帝は紅葉の季節に合わせて朱雀院に行幸することになったが、お妃たちはしきたりで見物ができないので試楽を催す。

源氏の子を身ごもる藤壺の前で、源氏は頭中将と青海波を舞う。

その舞姿は息をのむように美しく、この世のものとも思えない。

菓　子　青紅葉／こなし

この巻を読んだのが初夏だったので、青紅葉に。息の合った舞を披露する源氏と頭中将のよう。

うつわ　欅《けやき》ブロック皿錫銀《さらすずぎん》／土井宏友《どいひろとも》 作

錫蒔地のうつわは二人の舞の舞台のよう。

第八巻 ― 花宴《はなのえん》 ― 朧月夜《おぼろづきよ》の君との出逢い

源氏二十歳。花宴は宮中紫宸殿《ししんでん》の左近の桜が満開の時の宴の折のお話。
朧月夜は弘徽殿《こきでん》の女御の妹で、源氏の兄である皇太子の婚約者。
源氏はその人と恋に陥ってしまう。この恋がやがて源氏を追い込むことになる。

菓　子　花／きんとん
春爛漫《らんまん》。お菓子は桜色のおだまきのきんとんを。

うつわ　柿右衛門写色絵菓子鉢《かきえもんうつしいろえかしはち》／マイセン製《せい》
うつわにも花を。花の声が聞こえるようなマイセンの鉢。

第九巻 ― 葵《あおい》 ― 車の所争い

源氏二十二歳の夏。有名な賀茂祭（葵祭）での、
六条御息所《ろくじょうのみやすんどころ》と葵の上の車争いの場面。
人目を忍ぶ質素な六条御息所の車が、
割り込んできた葵の上の一行と争いになり、屈辱を受ける。
この後、葵の上は源氏との子夕霧を出産するも、
六条御息所の生き霊により亡くなってしまう。

菓　子　葵《あおい》／薯蕷《じょうよ》
お菓子は薯蕷で、葵祭にちなみ双葉葵の焼き印を押す。

うつわ　独楽皿《こまざら》／十二代 樂弘入《らくこうにゅう》作
独楽皿の緑釉が賀茂街道の緑蔭のよう。

第十巻 — 賢木《さかき》 — 野宮の別れ

六条御息所は斎宮に任ぜられた娘と一緒に伊勢に下ると決心する。
六条御息所が過ごしていた野宮に、源氏が訪れる。
それは愛情からというよりは世間体のため。
源氏は葵の上を亡くしたのち、六条御息所とも生き別れる。
桐壺院も亡くなり、藤壺は出家をする。
大切な人々と別れていく。

菓　子　斎宮《さいぐう》／吉野羹《よしのかん》、淡雪羹《あわゆきかん》
お菓子に清々しく注連縄《しめなわ》を。

うつわ　角鉢《かくばち》タモ材《ざい》／新宮州三《しんぐうしゅうぞう》 作
野宮に今も残る黒木の鳥居と小柴垣。
黒木の鳥居を思わせる木のうつわに。

第十一巻　花散里《はなちるさと》　橘《たちばな》の花散る里

花散里《はなちるさと》は控えめな女性。源氏が頻繁《ひんぱん》に通った人ではないが、身分も高く、この先もずっと大切にされ、のちに六条院の夏の町に住まう事になる。花散里は橘の花の散る家に住む人ということ。

菓　子　たちばな／葛《くず》
お菓子は橘の花を葛で作る。橘は五月に咲き出す、白く香りの高い花。

うつわ　淼《びょう》／渡部味和子《わたなべみわこ》作
ぼんやりと去来する出家への思い。淼という名の赤絵細描のうつわに。

第十二巻 — 須磨《すま》 — 光源氏の須磨流謫《るたく》

失脚した源氏は自らわずかな供を連れ、須磨へと退去する。住まいは在原行平《ありわらのゆきひら》（在原業平《なりひら》の兄）が「藻塩《もしお》たれつつ」と詠《よ》んだ侘住《わびす》まいの近く。都の人々と文をやりとりし、さみしさを紛らわす。家来を心配させまいとから元気の源氏。

菓　子　須磨／きんとん
須磨は塩焼の名所として知られる。きんとんに塩を乗せて。

うつわ　青《あお》もよう／藤平《ふじひら》 寧《やすし》 作
うつわの青の色は須磨の海にも、源氏の涙にも。

菓　子　明石の琵琶《びわ》／初雁《はつかり》
明石の君の奏でる琵琶のイメージを形にしてもらう。

うつわ　いとまき平向《ひらむこう》／北大路魯山人 作
源氏が都に戻ることになり、明石に琵琶を残す。
糸をたぐり寄せ次に逢えるのはいつになるのか。

暴風雨の続いた明け方、源氏は父桐壺院の夢を見る。翌朝、明石の入道が住吉の神のお告げと源氏を迎えにくる。明石の君とは八月十三日に出逢う。源氏は琵琶の名手でもある明石の君の気品に感心し、心ひかれる。都でも帝の夢枕に桐壺院が立つ。帝は源氏を赦《ゆる》す。

第十三巻 ― 明石《あかし》 ― 明石の君との出逢い

第十四巻―澪標《みおつくし》―光源氏の復活

源氏は明石から都へ戻り、父桐壺院の追善の法要をする。源氏の社会復帰の宣言でもあった。兄朱雀帝《すざくてい》は位を譲り、源氏と藤壺との子は冷泉帝《れいぜいてい》となる。三月、明石の君は後に東宮妃となる姫を出産する。六条御息所の娘は源氏が後見となり、冷泉帝に嫁がせる。こうして源氏は次の天皇の時代まで権力を持ち続けることとなる。

菓　子　住吉《すみよし》／ふの焼

秋に源氏は盛大な住吉詣をする。住吉といえば、反橋《そりはし》（太鼓橋）。ふの焼で太鼓橋をイメージしたお菓子。中は栗あん。

うつわ　織部十字皿《おりべじゅうじざら》／北大路魯山人 作

澪《みお》は水脈。澪つ串《くし》は航路標識。十字皿に。

第十五巻―蓬生《よもぎう》―末摘花その後

菓子　蓬《よもぎ》／きんとん
蓬の生い茂る庭をきんとんに。降り続いていた雨の名残の露を氷餅で表す。

うつわ　丹波赤《たんばあか》ドベ皿《ざら》／市野雅彦《いちのまさひこ》 作
赤ドベのうつわは荒れ果てた庭の邸で源氏を待つ末摘花のかくれた力強さにもみえる。

すっかり荒れ果てた邸でずっと源氏の訪れを待つ末摘花。落ちぶれたとはいえ、貴族としての誇りを持つ。源氏は蓬の生い茂る荒れ果てた庭をすすみ、末摘花との再会を果たす。末摘花を通して当時の貴族や受領《ずりょう》の実態を読み取ることができる。

菓　子　車の音／羽二重《はぶたえ》（雪平《せっぺい》）
この巻はお正月に読んだことから、お菓子は花びら餅を牛車の車輪に見立てる。

うつわ　織部《おりべ》薬《ぐすり》鶴《つる》菱《ひし》平皿《ひらざら》／
十一代　樂慶入《らくけいにゅう》作
すれ違う源氏と空蝉を二羽の鶴に。

第十六巻 ― 関屋《せきや》 ― 空蝉その後

須磨明石から無事に帰るという御願果たしで石山詣《もう》でをする源氏と、夫の任期明けで帰京する空蝉が、逢坂《おうさか》の関ですれ違う場面。どちらも牛車に乗っていた。空蝉はあの頃のことを思いしみじみと歌を詠む。

菓子　絵合わせ／きんつば

和《わ》綴《と》じの冊子のイメージをお菓子に。中は栗あん。

うつわ　茜《あかね》小《こ》紋《もん》角《かく》皿《ざら》／江《え》波《なみ》冨《ふ》士《じ》子《こ》作

千の花ともいわれるムリーニのうつわはピースの一つ一つがお話を紡ぐよう。

第十七巻―絵《え》合《あわせ》―絵合の勝利

絵合は、物語絵（冊子や巻物）の優れたものを右と左に分かれて、互いに差し出し、歌を詠み合い優劣を競う遊び。左に梅壺女御《うめつぼのにょうご》とよばれた六条御息所の娘、右に元頭中将の娘の弘徽殿《こきでん》女御。藤壺の前での絵合は優劣つきがたく、ついには冷泉帝の前で勝負することとなる。

源氏の須磨の日記を最後に出した梅壺方の勝ちとなる。

第十八巻―松風《まつかぜ》―嵯峨の松風

明石から上京した明石の君は六条院には入らず、嵯峨野の祖父の別荘を修理して住む。

当時の結婚は通い婚。源氏が用意した都の邸に入ったのでは、正式な結婚をしたことにならない。

まして田舎者では最下位。嵐山渡月橋の北側を上流に行ったあたりとされる。

大堰川《おおいがわ》の岸辺は明石の海辺の景色にも似て。松風は大堰川の岸辺の松に吹く風の音。

この松風の音が、源氏と明石の君の二人の奏でる琴の音色と響きあう。

菓子　松風／ねりきり
松風のイメージを茶巾絞《ちゃきんしぼ》りで。

うつわ　志野芦平向《しのあしひらむこう》／北大路魯山人 作
志野の芦にも風がそよぐよう。

第十九巻 ― 薄雲《うすぐも》 ― 明石母娘の別れ、藤壺の崩御《ほうぎょ》

冬の日。明石の君は姫君の将来を思い、姫君を源氏と紫の上に託す。
悲しい母娘の別れ。
藤壺は源氏にみとられるような形で亡くなっていく。
葵の上はみとられていない。ある意味では幸せな亡くなり方。
源氏は西に沈む夕日とたなびく雲に向かって、亡くなった藤壺を偲《しの》ぶ。

菓　子　藤壺／薯蕷《じょうよ》

お菓子は夕日を薯蕷で。中のあんは紫に。

うつわ　蓮弁皿《れんべんざら》／福森雅武《ふくもりまさたけ》作

うつわは蓮弁。蓮に乗って浄土へ渡る。

第二十巻 ― 朝顔《あさがお》 ― 青春の総括

朝顔は源氏が若い頃、朝顔の花を贈って恋を打ち明けた従妹の姫君の名前。

源氏の求婚を受け入れず賀茂の斎院になっていたが、父が亡くなりその任が解け、源氏はまた恋をしかける。

源氏の青春の終焉《しゅうえん》の巻。何かの終わりには振り返りたくなるのが人生。

源氏は藤壺、紫の上、朝顔、朧月夜、明石の君、花散里。と青春の恋の遍歴《へんれき》を振り返る。

菓　子　賀茂神社／やきもち
お菓子は賀茂神社にちなみ、門前で売られる「やきもち」をイメージして羽二重をやきもち風に。

うつわ　黄瀬戸《きせと》小向《こむこう》／北大路魯山人 作
うつわは、上賀茂にゆかりの魯山人の黄瀬戸。

菓子　元服／ういろう
お菓子は烏帽子《えぼし》。空豆あんで。
うつわ　あづき色皿《いろざら》／佐々木綾子《ささきあやこ》 作
あづき色のうつわに浅葱色のお菓子が映える。

源氏と葵の上との息子夕霧が元服を迎える。
大学での学問のため、あえて六位となった夕霧は
浅葱《あさぎ》色の表着を着る。夕霧と幼なじみの
雲居《くもい》の雁《かり》との悲恋が描かれる。
また、二万坪もの六条院の造営の様子が描かれる。
春の町には源氏と紫の上が。
夏の町には夕霧と養母花散里が。
秋の町は六条御息所の邸跡だったので
秋好中宮《あきこのむちゅうぐう》の里下がりの邸として。
冬の町には明石の君が住まう。

第二十一巻―少女《おとめ》―光源氏、新たな世代へ

菓　子　舟／水羊羹《みずようかん》
玉鬘が幼い頃の、瀬戸内海を渡る舟のイメージから水羊羹を笹舟に。

うつわ　ブルー縁錆《ふちさび》プレート／福岡彩子《ふくおかさいこ》作
ブループレートは瀬戸内の海に見立てて。

第二十二巻　玉鬘《たまかずら》　玉鬘の登場

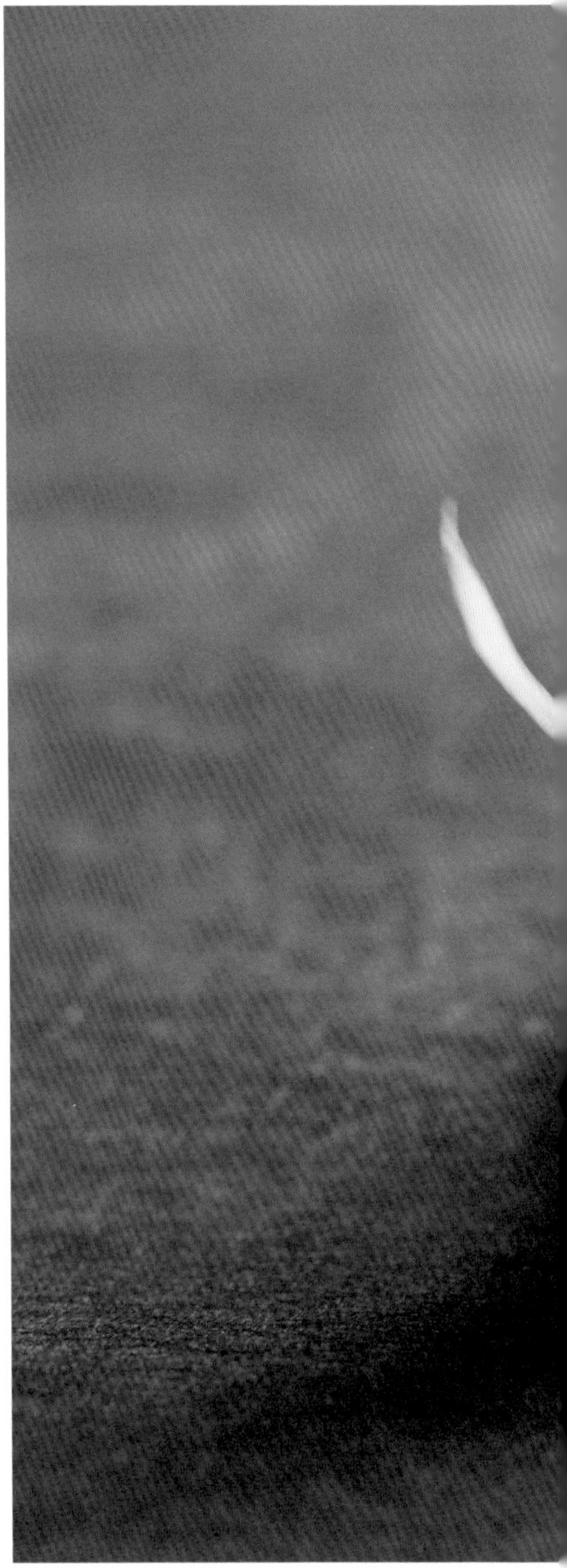

夕顔の残した内大臣（頭中将）との娘玉鬘は、夕顔の死後、育てられた乳母の夫の赴任に伴い瀬戸内海を舟で九州へと下っていく。やがてその九州で乳母の夫も亡くなり、十七年の年月を経て都に戻る。乳母が今後を憂い、長谷寺に願掛けに詣でた折、玉鬘は偶然今は源氏のところにいる夕顔付きの女房であった右近と再会する。こうして、玉鬘は源氏の娘として六条院に迎えられることとなる。

第二十三巻 ― 初音《はつね》 ― 六条院の春

六条院で迎える新春。
明石の姫君には明石の君から五葉の松に結んで歌が届けられる。
「年月をまつにひかれてふる人に　けふうぐひすの初音きかせよ」三つの時に娘と別れたまま、長い間会わずに、まつ（松、待つ）ということだけで過ごしてきた。せめて今日は鶯《うぐいす》の初音を聞かせてください。と娘からの返歌をほしいという歌。

菓　子　鶯《うぐいす》／吉野羹《よしのかん》・淡雪羹《あわゆきかん》
松は常緑。そこにとまる鶯をお菓子に。

うつわ　焼〆《やきしめ》プレート／辻村《つじむら》 塊《かい》作
美しい色のお菓子を包むように受け止めるうつわ。

菓　子　蝶／葛《くず》やき
雅楽の胡蝶《こちょう》の舞にちなみ、葛で蝶を。

うつわ　伊万里《いまり》古九谷《こくたに》様式《ようしき》色絵《いろえ》花《はな》に蝶文皿《ちょうもんざら》
古九谷の皿にも蝶が描かれている。

二十二歳となった玉鬘には次々と求婚者が現れる。
ついには源氏も気持ちを抑えきれなくなる。
養父としては慕いつつも玉鬘は戸惑うばかり。

第二十四巻 — 胡蝶《こちょう》 — 六条院の春から夏へ

菓　子　螢《ほたる》／こなし
お菓子は螢に見立てながらも
中には大粒の栗の渋皮煮《しぶかわに》が。

うつわ　粉引《こひき》木《こ》の葉《は》／北大路魯山人 作
この葉皿に盛ると、葉かげに
とまる螢のよう。

第二十五巻 ― 螢《ほたる》 ― 螢の光に浮かぶあで姿

玉鬘に想いを寄せる源氏の弟、螢兵部《ほたるひょうぶ》卿宮《きょうのみや》は源氏が隠れているとも知らず、
玉鬘の部屋を訪れる。頃合いを見計らって、源氏は隠していた螢を部屋に放つ。
螢の光に浮かぶ玉鬘のあで姿に、螢兵部卿宮はますます恋を募らせる。
本当の父なら娘を見せものの様にはしないものを。
源氏の物語観がうかがえる巻の後半。
歴史は一面しか書かない。文学は名もないたった一人のことをどんな思いで、
どんな背景であったかを記したもの。嘘偽りのように思える文学にこそ真実があると。

第二十六巻 ― 常夏《とこなつ》 ― 近江の君の物語

内大臣（頭中将）は夢で見た、
別のところで育った娘を探し出す。
玉鬘を探していたはずなのだが、
近江という田舎育ちの姫君がみつかる。
貴族らしからぬ早口で、歌もろくに詠めない。
その近江の君が双六《すごろく》を打つ場面が描かれる。

菓子　撫子《なでしこ》／ういろう
常夏は撫子のこと。撫子の花をういろうで作った。玉鬘の母夕顔はかつて常夏の女と呼ばれた。

うつわ　碧玉釉《へきぎょくゆう》エン鉢《はち》／北大路魯山人 作
ほのかに薄紅色の撫子を織部の鉢に盛る。

菓　子　篝火《かがりび》／ぜんざい
お菓子はぜんざい。源氏の庭の篝火の火を赤の白玉であらわす。

うつわ　明月椀螺鈿《めいげつわんらでん》おつぼ
うつわは明月院に伝来する桜紋散し螺鈿の椀。

さみしいと源氏は玉鬘を訪ねる。琴など教えるときは覆《おお》いかぶさるようにして教え、添寝もする。庭の篝火が消えそうになっていたので薪を補充し大きく灯させる。立ちのぼる煙に源氏は玉鬘への恋情を重ねる。

第二十七巻 ― 篝火《かがりび》 ― 篝火に託す恋

第二十八巻―野分《のわき》―夕霧の目

野分。台風見舞いに来た夕霧は庭木の手入れをさせている
紫の上を垣間見《かいまみ》、その美しさに驚く。
また玉鬘を訪ねる源氏が玉鬘の恋人のようにふるまう姿を見る。
夕霧の目は、大人の世界を批判的に描写する。

菓　子　秋草／きんとん

お菓子は台風の風に咲き乱れる秋の花々に、夜露が一粒置かれる様子を。夜露は当時、虫籠に飼っている虫への餌と考えられていたそう。

うつわ　黒銀彩板皿《くろぎんさいいたざら》／西川《にしかわ》 聡《さとし》 作

うつわは野分の風にも見えて。

第二十九巻—行幸《みゆき》—玉鬘の裳着《もぎ》

菓　子　冬の行幸《みゆき》／かるかん
お菓子は冬の大原野への行幸が描かれていることから、松に雪が積もる姿をかるかんで。松の実がアクセントに。

うつわ　伊万里《いまり》古九谷《こくたに》様式《ようしき》色絵《いろえ》果実文《かじつもん》長四方皿《ながしほうざら》
玉鬘の成人の裳着の艶《あで》やかさを古九谷のうつわで。

成人すると氏神を祀《まつ》らねばならない。
源氏と藤原氏では氏神が違う。
源氏は玉鬘の成人の折に、
実の父内大臣（頭中将）に玉鬘があなたと
夕顔の娘であると打ち明けようと決める。
智恵を絞り、大宮の力を借りて源氏が
謝るべきところを人のよい内大臣に謝らせる。
源氏はいい男ではあったけれど、
いい人というわけではない。

第三十巻 ― 藤袴《ふじばかま》 ― 最後の懸想人《けそうびと》

玉鬘は内大臣（頭中将）と夕顔の娘。
源氏は育ての親。源氏の長男夕霧は
玉鬘が実の姉でないと知る。
尚侍《ないしのかみ》への任命を玉鬘へ伝えにやってきた夕霧は、
最後の懸想人として名乗りをあげ
藤袴の花に託し玉鬘に恋心を訴える。
祖母大宮の喪中で二人とも藤色の喪服を着ていた。

菓子　藤袴／わらび餅
薄紫の花をつける藤袴にちなみ紫のあんに。

うつわ　紫交趾菓子皿《むらさきこうちかしざら》／十四代 永樂妙全《えいらくみょうぜん》作
紫交趾のうつわに。

菓子　灰かぶり／道明寺《どうみょうじ》・五穀米《ごこくまい》
灰をイメージしてお菓子をつくる。このお題には五穀米を使う。

うつわ　丸二《まるふた》つ皿《ざら》／大野素子《おおのもとこ》作
夫に香炉《こうろ》の灰をかぶせるというドラマのようなこの場面には、すこし楽しいうつわで。

源氏も知らないうちに髭黒《ひげくろ》が玉鬘に通うようになる。源氏は二人の結婚を認める。髭黒には妻がいて、玉鬘に通う夫の支度で夫の装束に香をたきしめているときに、夫に香炉の灰をあびせかける。やがて実家に連れ戻される。この妻との間には三人の子があり、真木柱《まきばしら》の姫君はその一人。

第三十一巻 ― 真木柱《まきばしら》 ― 玉鬘の結婚

第三十二巻　梅枝《うめがえ》　六条院の薫物合わせ

明石の姫君の東宮への入内が決まり、成人式の裳着のために、心を尽くし調度を調える源氏。ゆかりの女君たちに香材を配り、調合してもらう。紅梅の盛りの頃に訪ねてきた弟の螢兵部卿の宮に源氏の女性たちのお香の優劣を決めるよう依頼する。まずは梅が枝に添え、文と香が朝顔の君より届けられた。

菓　子　紅梅《こうばい》／羽二重《はぶたえ》（雪平《せっぺい》）
お菓子は紅梅。聚洸さんの紅梅はふわふわの羽二重。

うつわ　時代《じだい》松竹梅《しょうちくばい》蒔絵《まきえ》松皮菱透《まつかわびしすかし》さくつ函《ばこ》
二月に読んだので、枡形《ますがた》のうつわに。

番外編―実習―源氏物語の香

平安時代のお香についての実習と講義。

当時のお香は練香《ねりこう》だった。

人によって調合が違い、夫婦といえども調合を明かさなかった。香材を砕いて鉄臼でたたき、調合し、はちみつをつなぎに練り合わせ、炭の粉を入れ黒くし、丸める。

大体の香材のパターンはあるものの、貴人はみな自分のレシピを持っていた。

黒方《くろぼう》、侍従《じじゅう》、梅花《ばいか》を聞きくらべ。

菓子　源氏香《げんじこう》／ふの焼
お菓子はふの焼。中はお豆のあん。
焼き印は源氏香の若紫。

うつわ　Sarah Binns 作
イギリスで出合ったうつわに盛って。

第三十三巻——藤裏葉《ふじのうらば》その一——夕霧の結婚

菓子　おもひ／吉野羹《よしのかん》
お菓子は吉野羹。中の白あんをハートにし、二人を祝福する。

うつわ　舟大鉢《ふなおおばち》紫《むらさき》の場所《ばしょ》／内田裕子《うちだゆうこ》作
七月に読んだので七夕の鉢を。夕霧と雲居の雁のように、仲睦《むつ》まじく彦星と織姫が寄り添う。

故大宮の三回忌の法要が執り行われる。
内大臣（頭中将）は自分が折れるべきと考え、
夕霧に声をかける。
藤の花の盛りの日に、
内大臣は夕霧と雲居の雁の結婚を許す。
六年越しの恋が実り、二人が結ばれる。
藤は藤原氏の花。栄華を誇る藤原氏の一族と
示すようにこぞって邸に植えたという。
内大臣は藤の花の宴に来ないかと、
藤のひと枝に添えた文を夕霧に送る。

菓　子　巻きもの／葛《くず》

明石の姫君の嫁入り道具のひとつ、
巻きものをお菓子にした。

うつわ　南鐐《なんりょう》一閑《いっかん》写《うつ》し折溜盆《おためぼん》

うつわは涼やかに南鐐に。

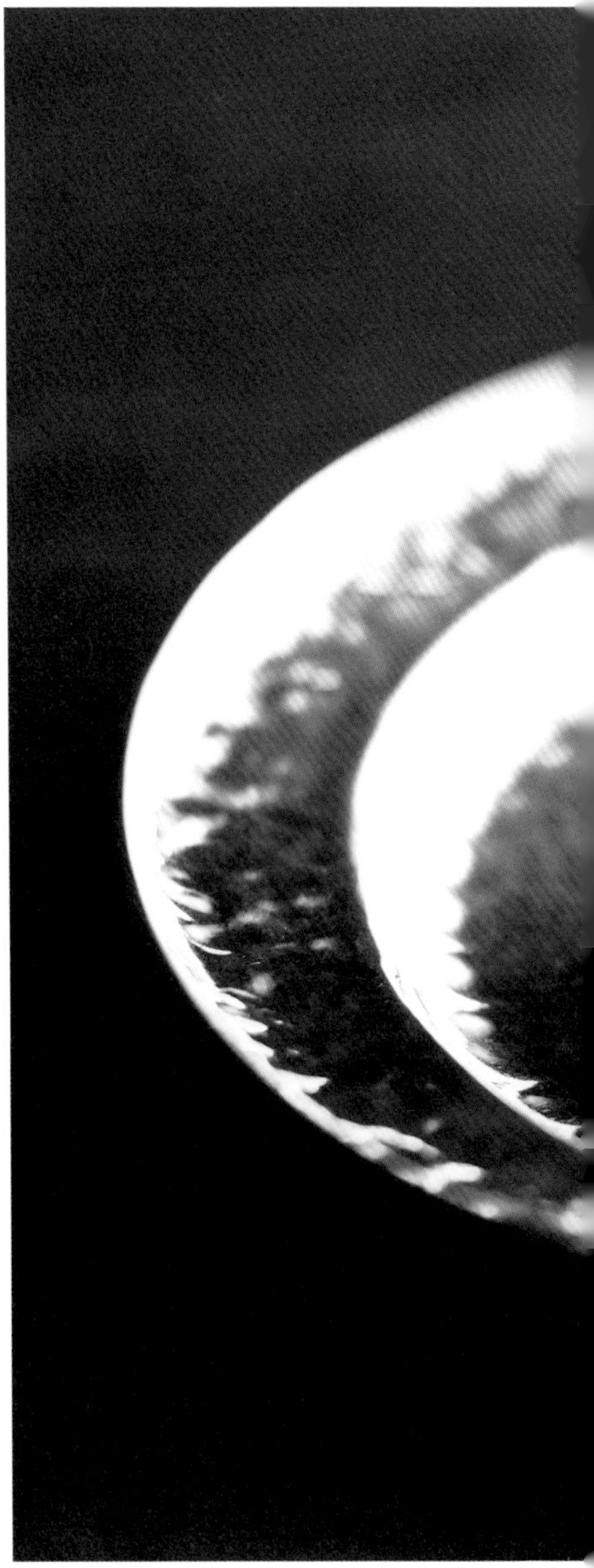

第三十三巻 ― 藤裏葉《ふじのうらば》その二 ― 物語第一部の大団円

明石の姫君は皇太子へ入内する。一週間近く続く婚礼の儀式。

育ての母紫の上が気を利かせ、後見の役を途中から明石の君にと源氏に申し出る。

細やかな気遣いに源氏は感心する。幼い時に別れたきりの実の親娘の対面が八年ぶりにかなう。

紫の上と明石の君も対面を果たし、二人はうち解け合う。

源氏は准太上天皇となる。翌年は四十歳。

第二章

ゆずりは

第三十四巻 — 若菜上《わかな》 その一 — 女三の宮の降嫁《こうか》

源氏は葵の上が亡くなってから正式な妻がいない。紫の上とは正式な結婚ではない。朱雀院は源氏に娘の女三の宮を託そうと、降嫁が決まる。正式な結婚は男が三日続けて通い、三日目に三日夜《みかよ》の餅を二人で食べて成立する。源氏は三日間、紫の上のところから、女三の宮のところへ通う。紫の上は眠れない夜を過ごすが、女房を心配させまいと寝返りひとつうたない。

菓　子　三日夜《みかよ》の餅／ねりきりと羽二重《はぶたえ》（雪平《せっぺい》）の二種
三日夜の餅ははっきりは分からないが、小ぶりな草餅のようなものと、普通の餅のようなものということで二種を作った。

うつわ　呉須赤絵福ノ字皿《ごすあかえふくのじさら》
おめでたい福の字皿を使う。

第三十四巻―若菜《わかな》上 その二―明石の女御懐妊・出産と光源氏四十の賀

菓子　寿／きんとん
お菓子は、きんとんに、祝いの水引を模して赤いラインを入れる。

うつわ　飴釉六角銘々皿《あめゆうろっかくめいめいざら》／安齋《あんざい》 新《あらた》・厚子《あつこ》 作
やさしい飴釉のうつわに。

明石の女御が里帰りし出産する。
明石の君も一緒に里下がりをする。
紫の上は、源氏の正妻となった女三の宮ではなく、
明石の君をこそ意識している。
源氏の四十歳のお祝いの法事を紫の上が主催する。
正妻の女三の宮でもなく明石の君でもない。
法事を主催するのは重い存在。

第三十四巻―若菜《わかな》上 その三―明石《あかし》の入道《にゅうどう》の手紙

明石の女御が男皇子を産んだ。喜んだ明石の入道は現世には何の未練もないと娘明石の君に手紙を出す。

そこには、かつて明石の君が生まれる前に見た夢の話が書かれている。

須弥山《しゅみせん》の左右から太陽と月が出て世界を照らす夢は、我が家から天皇と皇后が出るというお告げ。

今、明石の君の娘である明石の女御が入内し皇后となり、その男皇子はいずれ天皇となる。

まさに夢がかなおうとしている。

菓子　月と太陽／初雁《はつかり》
お菓子は初雁。中の百合根《ゆりね》は太陽と月のイメージで紅白に。

うつわ　染付祥瑞手吉字向付《そめつけしょんずいできちじむこうづけ》／村田《むらた》森《しん》作
宝尽くしに吉の字。おめでたいうつわに。

菓子　ねこ／黄身《きみ》しぐれ
ねこは平安時代に中国から入ってきた。猫の尻尾をお菓子に。

うつわ　鼠《ねずみ》志《し》野《の》中鉢《ちゅうばち》／北大路魯山人作
お菓子が猫なので、うつわは鼠志野。

第三十四巻—若菜《わかな》上 その四—六条院の蹴鞠《けまり》

春蘭満《らんまん》の頃、六条院で夕霧と柏木が蹴鞠に参加。女房達は簾《すだれ》ぎりぎりまで近付き蹴鞠を見ている。
大きな猫に脅《おど》され、小さな猫が飛び出し簾をまくった。思わず振り返った視線の先に
女三の宮が立っているのを、夕霧と柏木が見てしまう。
夕霧は立っているなんてはしたない人と思うが、柏木は恋心を募らせ、のぼせあがる。

第三十五巻―若菜《わかな》下 その二―光源氏の住吉詣で、再び

冷泉帝は退位し、皇太子が帝となる。明石女御の皇子が皇太子となり、明石の入道の願いが叶おうとしている。源氏は住吉神社に願ほどきに行く。紫の上も付き添い、明石一族の願ほどきは素晴らしい行列となる。住吉の境内では、かつての住吉詣でが思い出される。明石一族にとっては辛い思い出。今とは天と地ほども違う。一晩中神楽の奉納が続く。

菓子　住吉《すみよし》／薯蕷《じょうよ》

住吉神社の赤い鳥居を薯蕷に。

うつわ　赤絵菊模様鉢《あかえきくもようばち》／中村秋塘《なかむらしゅうとう》作

金襴手の鉢は源氏の栄華を表すよう。

第三十五巻 ― 若菜《わかな》下 その二 ― 柏木と女三の宮の密通

紫の上は体調を崩す。三十七歳、女の大厄とされ藤壺も三十七歳で亡くなっている。紫の上は六条院から二条院へ移る。源氏は何かにつけ世話をし、紫の上の病状を嘆いている。紫の上の存在感が薄らいでゆく。柏木は女三の宮との密通の手引きを小侍従に頼む。源氏が裏切られることになる。

菓子　もゆる想ひ／きんとん
柏木のもゆる想ひをお菓子に。赤系の三色できんとん地を茶巾絞で炎のように作ってもらう。

うつわ　粉引皿《こひきざら》／山本哲也《やまもとてつや》作
粉引のうつわに赤が際立って。

第三十五巻―若菜《わかな》下その三―事実を知った光源氏

源氏は浅緑の薄様の文を
女三の宮の寝所で見つける。柏木からの文で、
源氏は密通を知ることになる。
二人の密通を驚くのはもちろん、近ごろの若者は
こういう手紙の書きようをするのかと驚く。
源氏自身の藤壺との過ち。
あのとき父は知っておられたのか、
このような思いであったのかと親の思いを知る。

菓子　浅緑《あさみどり》の文《ふみ》／黄身《きみ》しぐれ
お菓子は浅緑色の文の色。
中はピンクのあんとした。

うつわ　天龍寺《てんりゅうじ》青磁《せいじ》釘彫《くぎぼり》蓮弁文鉢《れんべんもんはち》
天龍寺青磁の深い色に。

第三十六巻 柏木《かしわぎ》その二 女三宮の出産と出家

女三の宮は出産をする。女三の宮という
最高の身分の妻、源氏の晩年に生まれた子、
どんなに喜ばれるだろうという周囲の思いに反し、
源氏は冷たい態度を取る。
生まれたのは柏木との不義の子。
源氏の自分への振る舞いを見て
女三の宮は出家を決意する。

菓子　袈裟《けさ》／ういろう。きなこあん
お菓子は出家のイメージで袈裟を表した。

うつわ　クシ目《め》長方平向《ちょうほうひらむこう》／北大路魯山人作
櫛目の一つ一つにそれぞれの思いを乗せて。

第三十六巻 ― 柏木《かしわぎ》その二 ― 柏木の逝去と薫の五十日の祝

菓子　お食《た》べ初《ぞ》め／羽二重《はぶたえ》（雪平《せっぺい》）
五十日《いか》の祝いは今のお食べ初めの儀式。当時は色の着いた餅を乳児の口にあてるということが行われていた。黄色と緑色と青色の三種類の餅などがあったと聞き、中はエンドウ豆のあんを使い、羽二重で作る。

うつわ　ムササビ皿／スナ・フジタ作
まるまる太り、色白で可愛らしい薫。愛らしいうつわに。

源氏は女三の宮と柏木の不義の子を抱き上げ、
「静かに思ひてなげくに堪えたり」と、
白楽天の詩の一節を口ずさむ。
「頑固で愚か者の父にお前は似てはいけない」
との一節に、この子に父の柏木には似ないで
おくれ、柏木と同じ過ちを犯している
自分には似ないでおくれと、と思いを込める。

第三十七巻—横笛《よこぶえ》—夕霧と女二の宮

夕霧は亡くなった柏木の妻、女二の宮を訪ね、夕霧の琵琶と女二の宮の和琴で合奏になる。

ふだん夕霧は雲居の雁との結婚生活を送っている。知り合ってから十六、七年、結婚して十年。

恋い焦がれた雲居の雁もすっかり古女房となり、子育ての真っ最中。

月を愛でて秋の風情を堪能《たんのう》するなどという余裕はない。夕霧は女二の宮への思いが募る。

この合奏の後、笛の名手として描かれていた柏木の横笛が夕霧の手に渡る。

菓子　横笛《よこぶえ》／葛《くず》
お菓子は葛で横笛を。

うつわ　義山切子平鉢《ぎやまんきりこひらばち》／バカラ製
涼やかにバカラに盛る。

第三十八巻―鈴虫《すずむし》―鈴虫と月見の宴

源氏五十歳。中秋の名月の夜、源氏は出家した女三の宮の部屋へ渡る。

水の音、鈴虫の声、念仏を唱える声、琴の音色、歌のやりとり。音だけで一つの場面が描かれる。

その後、宴の途中で冷泉上皇から「同じくは」と後撰集の歌をひいて源氏に手紙の使いが来る。

あまりに月がきれいだから、同じことならこの月を本当の父と見たいという。

冷泉院と源氏の、親子と名乗り合えない二人の対面が描かれる。

菓　子　蓮の花／葛《くず》

鈴虫の巻頭、六条院の蓮の花の盛りの頃、女三の宮は出家して二年。開眼供養が行なわれる。蓮華を葛で。

うつわ　板《いた》絵《え》皿《ざら》しとしと雨《あめ》／
脇《わき》山《やま》さとみ 作
蓮絵の台皿に乗せて。

第三十九巻―夕霧《ゆうぎり》―小野の秋

菓　子　山里の鹿／栗きんとん
鹿の子のきんとんに山の紅葉を散らして。

うつわ　紅安南鉢《べにあんなんばち》／藤田佳三《ふじたけいぞう》 作
小野の紅葉にも見える紅安南の鉢に。

夕霧は女二の宮が病身の母親と籠《こ》もる山荘を訪ねる。鹿の声も聞こえる。何も起こらなかったし、女二の宮に落ち度はないけれど、人々は噂する。紫の上は思う。女はなんと窮屈《きゅうくつ》なのだろう。夫が亡くなったといっても、春には桜が咲くし、秋には紅葉が美しい。修行のようにすべてをあきらめて生きねばならないというのか。自分が辛いこと、悲しいことはなんでもない。蝶よ花よと育てた我が子が辛い思いをするのは耐えがたい。紫の上は自分が育てた孫、女一の宮（明石の女御の娘）のことを思う。

第四十巻 御法《みのり》 紫の上逝く

紫の上は夏も越せないといわれていたのに、秋がやってくる。見舞いにやってきた娘、明石の中宮《ちゅうぐう》と話していると、今日は身体を起こしているのかと、紫の上のちょっとした気分の良さを源氏は喜び、三人で歌を詠み合う。庭では秋草に夜露が置かれ始めている。紫の上は気分が悪いのでもうお去りくださいと、自分で几帳《きちょう》を引いて横たわろうとする。源氏と明石の中宮にみとられ、やがて消えてゆく夜露のように息を引き取る。

菓　子　萩の花と夜露／黒糖のういろう
黒糖のういろうに萩の花を描く。夜露を一粒乗せて。

うつわ　古《こ》染《そめ》付《つけ》蓮《れん》華《げ》文《もん》平《ひら》鉢《ばち》
蓮のうてなに乗る紫の上を思い蓮絵皿に盛る。

菓　子　おもひで／きんとん
大切な紫の上を偲ぶお菓子。私ならその大切な人とのうれしかったこと、幸せだったことを思い出す。極楽の花園のようなお菓子を作ってくださいとお願いする。

うつわ　モノクロ掻《か》き落《お》とし皿《ざら》／
矢島《やじま》操《みさお》作
うつわも極楽の花園のように花々が咲き乱れる。

第四十一巻―幻《まぼろし》―追悼、紫の上

紫の上を偲んでの追悼《ついとう》の一年が描かれる。季節の巡るのにつけて源氏は紫の上を思い出す。この巻を最後に源氏は描かれなくなる。源氏の余生は紫の上を追悼するためだけに描かれた。出家の覚悟が記され、その消息が分かるのはもっと後になる。

第二章

宇治十帖

第四十二巻　匂宮《におうのみや》　匂宮と薫中将

源氏亡き後、次の世代を継ぐ光り輝く方はなかなかおられない。

源氏四十八歳の時に生まれた不義の息子・薫、源氏四十七歳の時、明石の中宮に生まれた孫匂宮。

源氏を超えるほどではないが、それぞれに美しい。

匂宮は自由に青春を謳歌《おうか》している。薫は出生に疑念があり影がある。

「匂ふ兵部卿、薫る中将」と呼ばれ、源氏の持っていた光と影を二人が分かち持つ。

菓子　賭弓《のりゆみ》／黒糖あんと芋ねりきり
正月十八日、夕霧は六条院で賭弓の宴を催し、匂宮・薫の二人も参加することから賭弓の矢羽根をお菓子に。

うつわ　備前《びぜん》マル平鉢《ひらばち》／北大路魯山人 作
備前の丸皿は的にも見えて。

第四十三巻　紅梅《こうばい》　紅梅大納言

万葉の時代、知識人は梅を好み
こぞって歌に詠んだ。梅といえば白。
平安時代になってから赤い梅が入ってきて
紅梅という言葉ができた。
紅梅大納言は元の頭中将の二男で、柏木の弟。
先妻を亡くし、螢兵部卿宮に先立たれた
真木柱を妻にした。紅梅大納言家には
先妻との間に二人の姫。真木柱の連れ子の姫、
二人の間の息子と四人の子がいて、
皆で暮らしている。

菓　子　紅梅《こうばい》／薯蕷《じょうよ》
薯蕷は紅あんにして紅梅の焼き印を

うつわ　梅小皿《うめこざら》／九代 樂了入《らくりょうにゅう》、十代 旦入《たんにゅう》作
樂の梅皿は了入と旦入のものを。

第四十四巻 ― 竹河《たけかわ》 ― 玉鬘一家のその後

玉鬘一家のその後が描かれる。
玉鬘の夫、髭黒はすでに亡くなり、玉鬘は年頃となった
二人の娘の将来に思い悩んでいる。
そんなある年の三月。咲く桜もあれば散り乱れる桜もある。
二人の娘ははしぢかで桜を眺め様々なことを思い出す。
娘たちが男兄弟とともに水入らずで
桜を賭けて碁を打つ場面が描かれる。

菓　子　ひとひら／ねりきり
お菓子は桜のひとひらを。桜は昔も今も、しみじみと思い出させるもの。

うつわ　刷毛目鉢《はけめばち》／北大路魯山人 作
刷毛目の鉢に盛りつけると桜の花びらが風に舞うようにも見える。

第四十五巻―橋姫《はしひめ》その一―宇治十帖の始まり

宇治橋は六四六年、飛鳥時代にかけられた。欄干《らんかん》の三の間に女性神、橋姫が祀られたという。橋は人と人とをつなぐもの。宇治十帖は橋姫という実在の橋から夢の浮橋というはかない橋までが描かれる。

弘徽殿の女御の陰謀《いんぼう》に巻き込まれ、世間から忘れられていた源氏の弟八の宮は二人の姫を設けた後、妻に先立たれ、家も燃え、宇治の別荘に引き籠る。

菓子　柴積み舟／ういろう
宇治川を柴を乗せて行き来する、
柴積み舟をお菓子に。

うつわ　乾山写《けんざんうつし》絵《え》変皿《がわりざら》／白井半七《しらいはんしち》作
半七のうつわは川の流れにも見えて。

第四十五巻 — 橋姫《はしひめ》その二 — 薫の恋と出生の秘密

菓子　琴柱《ことじ》／ういろう
お菓子は演奏を垣間見る場面から琴柱を。中にはエンドウ豆あん。

うつわ　染付市松蓋物《そめつけいちまつふたもの》／村田眞人《むらたまこと》 作
うつわは琴柱をしまう箱に見立てて。

八の宮の留守に山荘を訪ねた薫は、八の宮の二人の娘、大君《おおいぎみ》と中《なか》の君《きみ》が琴と琵琶の演奏をするのを垣間見る。薫はこんな風にくつろいだ姫君を見たことがなかった。薫の恋が始まる。また薫は老女弁の君から実父柏木の形見として渡された袋に母・女三宮と柏木が交わした文の控えなどを見る。宇治は薫の恋と出生の秘密という二つの秘密が隠された場所となった。

第四十六巻—椎本《しいがもと》その一—匂宮と八の宮

匂宮は桜の満開の頃、初瀬詣での帰りに宇治に寄る。夕霧の別荘で宴が開かれる。八の宮は川向うの夕霧の別荘から聞こえてくる宮廷音楽に、昔を思い出ししみじみとする。笛を吹いているのはたぶん薫だが、源氏の笛とは違い藤原流の笛だな、かつての頭中将の笛に似ているなと思う。八の宮は聞き分ける耳を持っていた。

菓　子　宇治川に散りかかる桜／道明寺羹《どうみょうじかん》
宇治川に浮かぶ桜の花びらのイメージをお菓子に。

うつわ　桜重箱《さくらじゅうばこ》／山本由紀子《やまもとゆきこ》 作
桜の重箱に。

第四十六巻 ― 椎本《しいがもと》その二 ― 八の宮の逝去

菓　子　紫雲《しうん》／羽二重《はぶたえ》（雪平《せっぺい》）寒天掛《かんてんが》け
八の宮が亡くなる巻ということで、
お菓子は紫雲とした。中は白あんに。

うつわ　白釉平鉢《はくゆうひらばち》／Lucie Rie 作
紫雲を受け止めるのは縁錆《ふちさび》のうつわ。

八の宮はもう六十一歳の大厄。寿命もあとわずか。後に残る二人の娘を心配してもしきれない。
私に万が一のことがあれば後のことをと薫に頼む。いっそ娘と結婚してほしいと言えれば良かったが、
俗聖として薫の信望の厚い八の宮は、自分の信条と違う世俗的なことを頼めなかった。
八の宮は自邸の山荘を出て、山寺に籠っている時に亡くなってしまう。

第四十七巻 総角《あげまき》その一 八の宮の一周忌

八の宮の一周忌に向け、姫たちは祭壇の供え物に添える袱紗《ふくさ》の四隅に垂れるあげまき結びという飾り組紐を用意する。薫が様子を垣間見、大君に歌を贈り恋心を訴える。今もするあげまき結びを千年の前からしている。物語は虚構でも細部の描写は真実。千年前の物語を読めることの幸せ。

菓　子　あげまき結び／吉野羹《よしのかん》・淡雪羹《あわゆきかん》
吉野羹と淡雪羹の合わせの間には羊羹で描いたあげまき結び。

うつわ　皿《さら》ブルー／音堂多恵子《おんどうたえこ》作
夏にお話を読んだので、ガラスの皿に盛り涼しげに。

菓子　宇治川の紅葉／吉野羹《よしのかん》

薫は宇治川に船を浮かべ紅葉狩りを催す。お菓子は宇治川の紅葉。

うつわ　赤楽七寸皿《あからくななすんざら》／九代 樂了入《らくりょうにゅう》作

薫は大君に想いを伝えるも、
何事もないまま朝を迎える。
大君は妹に対し母のような気持ちでいる。
妹が幸せになればそれでいい。
妹の結婚の世話なら私ができる。
薫は匂宮が中の君と結ばれれば、
自分は大君と結ばれると考え、
匂宮を宇治へ連れ出す。
匂宮と中の君は結ばれる。

第四十七巻—総角《あげまき》その二—匂宮と中の君

第四十七巻―総角《あげまき》その三―大君の逝去

匂宮の中の君への訪れが遠のきがちなことで大君は心労が募り、回復し難い病に伏せる。見舞いにきた薫にやつれ姿を見せるのは恥ずかしいが、薫のやさしさに触れ、これも定めと受け入れる。最期だけは薫の気持ちを受け入れる自分を薫に見せて逝きたいと望む。大君は薫にみとられて亡くなる。

菓　子　山寺の鐘／栗
大君の亡くなるさみしさを、宇治の山寺の鐘にあらわす。

うつわ　絵唐津線文皿《えがらつせんもんざら》
侘びた絵唐津のうつわに。

第四十八巻―早《さ》蕨《わらび》―さびしい宇治の春

姉の大君を父に次いで亡くし、中の君は寂しい春を迎える。宇治山の阿闍梨《あじゃり》から恒例により籠に入れられた蕨や土筆が届く。添えられた手紙には寂しい中の君を思い、慣れない歌が書き添えられている。心のこもった手紙に中の君はしみじみと感動する。

菓子　岡太夫《おかだゆう》／わらび餅

お菓子は岡太夫。狂言に岡太夫という演目がある。婿殿が嫁の実家でわらび餅をよばれる。それがおいしくて家に帰り嫁に作ってもらおうとするが、名前を忘れ思い出せない。嫁は和漢朗詠集《わかんろうえいしゅう》の歌を蕨《わらび》が出てくるまで詠み、ついに思い出すというもの。

うつわ　鼠志野籠絵皿《ねずみしのかごえざら》

うつわは桃山時代の鼠志野。籠絵の文様。

第四十九巻　宿木《やどりぎ》その一　都における薫と匂宮

舞台は宇治から都へ。帝は娘女二の宮の婿に薫をこそと思い、薫を碁に誘う。「簡単に渡せないものを賭けよう」と帝。一勝二敗の帝は今日はまず庭の菊の一枝をとらそうと。薫は帝の考えを察知し無言で菊の一枝を手折り、歌を詠む。こうして薫の結婚が決まる。

菓　子　うつろい菊／羽二重《はぶたえ》（雪平《せっぺい》）

晩秋、寒さが増すと白菊の花弁が端から色がうつろい紫色になる。平安時代の人々はうつろい菊と呼び、より美しいと好んだ。うつろい菊をお菓子に。

うつわ　青菊小皿《あおぎくこざら》／十三代 樂惺入《らくせいにゅう》 作

うつわは菊皿を。

第四十九巻―宿木《やどりぎ》その二―薫と中の君

匂宮は夕霧の娘六の君との結婚が決まる。
宇治では愛を感じられても、都では大勢の女性の中の一人にすぎないと苦しむ中の君。
薫の求愛を受け入れなかった姉大君は賢かったと思う。
父の法事を取り仕切ってくれた薫に手紙を書き宇治に帰りたいと相談しようとする。
対面した薫は先立たれた大君と中の君が重なり抱き寄せようとするが、
中の君が懐妊の印しの腹帯をしていることに気づき何事もなく別れていく。

菓子　朝顔／ういろう
朝顔の花に託し薫は中の君に想いを伝える場面から露に濡れた朝顔を。

うつわ　香炉釉水玉透皿《こうろゆうみずたますかしざら》／檜垣青子《ひがきせいし》作
お菓子とうつわ。光と影。しらべを奏でる。

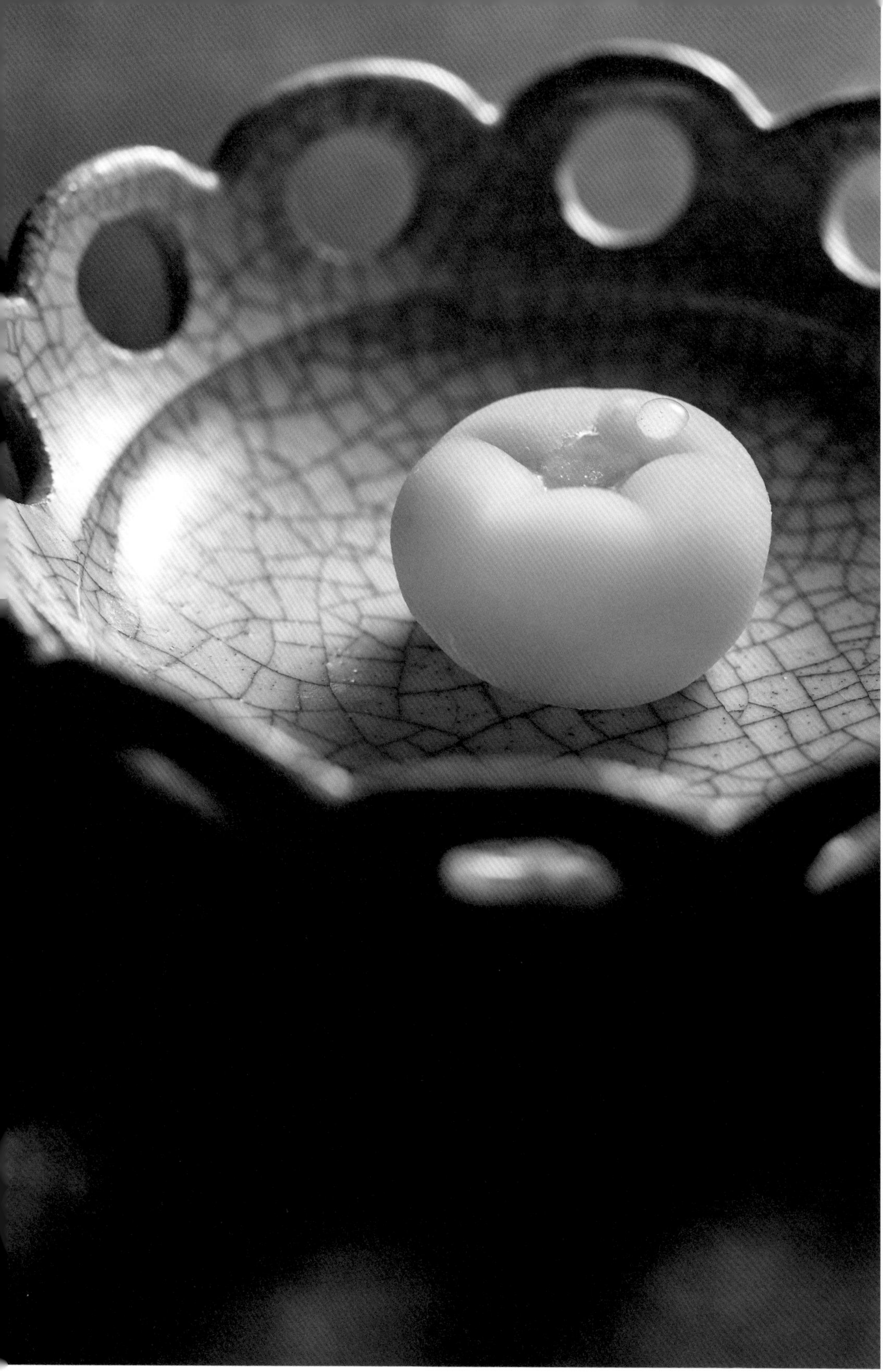

第四十九巻 ― 宿木《やどりぎ》その三 ― 浮舟《うきふね》の登場

中の君に残る薫の移り香を怪しむ匂宮。
薫は匂宮の留守を見計らって中の君を訪ね、宇治に寺でも作り、
大君のひとがたをそこの本尊として拝みたいと話す。
ひとがたといえばと、中の君は薫に異母妹の浮舟の存在を話す。
薫は興味を持ちつつも、それより中の君への想いがつのる。
巻名の「宿木」は源氏物語では蔦のこと。

菓　子　蔦《つた》の紅葉《もみじ》／道明寺《どうみょうじ》
お菓子は蔦の紅葉。氷餅を散らして。紅葉している蔦に添え、薫は中の君に文を送る。

うつわ　楕円皿黒《だえんさらくろ》／伊賀上空見子《いがうえくみこ》 作
黒のうつわに蔦の紅葉が映える。

第五十巻―東屋《あずまや》その一―浮舟の運命

浮舟の母中将の君は八の宮のお手つきで浮舟を生んだが、八の宮に顧みられず浮舟を連れ子として、常陸《ひたち》の介の後妻となった。浮舟は義父の任国である常陸に住んだ。

菓子　筑波山《つくばさん》／こなし
お菓子は巻の冒頭に描かれる常陸の筑波山を山路風に。筑波山には二つの頂《いただき》がある。

うつわ　織部皿《おりべざら》／黒木泰等《くろきたいら》 作
うつわは織部を。

第五十巻―東屋《あずまや》その二―浮舟、宇治へ

浮舟が連れ子だとわかったことから浮舟の縁談が壊れ、母中将の君は中の君を頼り二条院へ相談に出向く。浮舟は匂宮に見つかり迫られる。事なきを得たが、浮舟は中将の君が方違え用にと用意した三条の小屋に隠された。そこを訪れた薫と結ばれ、翌日には大君との思い出の地宇治へと向かう。

菓　子　宇治川の舟／こなし
お菓子は宇治川に浮かぶ小舟をこなしで。

うつわ　雪灰銀彩角皿《せっかいぎんさいかくざら》／中村譲司《なかむらじょうじ》 作
波間にも見えるうつわに小舟を浮かべて。

第五十一巻―浮舟《うきふね》その二―中の君を責める匂宮

匂宮は先日見かけた女のことを中の君に問いただすが、中の君は何も話さない。そこへ宇治の浮舟から中の君に正月のあいさつの手紙と髭籠が届く。
匂宮は先日の女が宇治にいることを知る。

菓子　髭籠《ひげこ》／ふの焼
源氏物語の髭籠は緑色の金属製。松の枝につけられた。

うつわ　黄釉菱皿《おうゆうひしざら》／布志名焼《ふしなやき》
うつわは菱皿。

第五十一巻 ― 浮舟《うきふね》 その二 ― 匂宮と結ばれた浮舟

匂宮は宇治を訪れる。薫になりすまし女房をだまし、浮舟の寝所に忍び込む。浮舟は薫ではないことに気づくが結ばれてしまう。匂宮は宇治川の対岸に浮舟を連れ出す。橘の小島を通った時、橘の葉の色が変わらないように私の心も変わることはないという歌を浮舟に詠む。匂宮の純粋な愛情に触れ浮舟は惹《ひ》かれていく。やがて薫の知るところとなり、浮舟は薫と匂宮との間で板挟みとなる。

菓子　橘《たちばな》の実／こなし、ういろう
橘の実をお菓子に。

うつわ　結《むす》ばれて／滝口和男《たきぐちかずお》 作
結び文のうつわは「結ばれて」という名を持つ。

菓子　蜻蛉《かげろう》／吉野羹《よしのかん》

巻末のとある夕暮れ、命短い蜻蛉の飛び交うさまを眺めて、宇治の三姉妹を思う薫。薫の見た蜻蛉を吉野羹で。飴《あめ》でその羽をあらわす。

うつわ　楕円銘々皿鱗紋《だえんめいめいざらうろこもん》／中村真紀《なかむらまき》 作

ガラスのうつわにはかなさを。

第五十二巻―蜻蛉《かげろう》―行方不明の浮舟

薫と匂宮とのどちらもへの愛情から宇治川への入水を企てた浮舟。
行方不明となった浮舟を探すが見つからない。浮舟の母や女房たちは匂宮との恋が世間に知られてはと思い、
急ぎひっそりと葬儀を行った。薫も匂宮も浮舟の死を受け入れられない。

第五十三巻　手習《てならい》その二　横川《よかわ》の僧都《そうず》

浮舟は亡くなってはいなかった。
入水を果たす前に気を失い倒れていたところを、
横川の僧都に助けられ、加持祈祷《かじきとう》で息を吹き返す。
比叡山のふもとの小野に引き取られる。
僧都の母尼と妹尼に看病され回復していく。
浮舟はどんなに尋ねられても身の上を一切明かさない。

菓　子　鳴子《なるこ》／葛《くず》やき
小野にも秋がやってくる。雀を追う鳴子を葛やきでお菓子に。

うつわ　絵瀬戸籠目文長方皿《えせとかごめもんちょうほうざら》／北大路魯山人 作
うつわにも実りの秋の風情を。

菓　子　筆／そば粉のふの焼
手習をする筆をそば入りふの焼で。筆先はねりきり。

うつわ　源氏香秋草盆《げんじこうあきくさぼん》／富岡鉄斎《とみおかてっさい》 画
秋草美しい源氏香の盆に。

浮舟は手習の日々を過ごす。僧都の妹尼は娘を亡くしていた。
その娘の身代わりとばかり浮舟の面倒を見る。
世俗を捨てたはずなのに、その娘の婿に言い寄られ困る浮舟。
横川の僧都に頼み込み出家を果たす。

第五十三巻 ― 手習《てならい》その二 ― 浮舟の出家

第五十三巻 ― 手習《てならい》その三 ― 小野の春

春がやってくる。薫が浮舟の一周忌の準備を進めている。薫の家来の紀伊の守は横川の僧都の妹尼の甥であり、叔母の妹尼に法事の禄にときれいな反物の縫製を頼む。妹尼たちは法衣を着ている浮舟に、あなたは本来こんなきれいな装束が似合うのにと反物を見せる。

菓　子　きれいな反物《たんもの》／薯蕷《じょうよ》
お菓子は薯蕷を巻き反物に。

うつわ　天啓赤絵《てんけいあかえ》四方鉢《しほうばち》
華やかな赤絵のうつわに。

第五十三巻―手《て》習《ならい》その四―事情を知る薫

菓　子　松明《たいまつ》の火／きんとん
お菓子は松明の火をきんとんで。
うつわ　鉄釉《てつゆう》リム皿《ざら》／三笘《みとま》 修《おさむ》 作
夜の闇のような黒のうつわに。

横川の僧都は宮中で自分が
引き取って尼にした不思議な女の
話をする。それを聞いた
明石の中宮が薫に伝える。
浮舟に違いないと思った薫は
僧都に直接会って確かめようと
横川に向かう。横川からの帰り道
薫が松明《たいまつ》をともして坂を
下りてくる。その坂のふもとの
小野の里にいる浮舟にも
薫の一行の松明の火が見える。

第五十四巻―夢《ゆめ》の浮橋《うきはし》―薫を拒絶する浮舟

薫は浮舟の弟の小君を使いに出し、文を送る。浮舟は焚《た》き染《し》められた香からその文は薫のものとわかるが、人違いと言い弟に会うこともなく返してしまう。むなしく戻ってきた小君に薫は、浮舟にはほかに男がいるのではないかと思う。薫には命を絶とうとし、さらに出家をした浮舟の心はわからない。薫と浮舟との間に橋がかけられることはなかった。

菓　子　夢の浮橋／薯蕷《じょうよ》
最後のお菓子は薯蕷。浮舟の心の声に耳を傾ける。

うつわ　九谷吉田屋青手見込牡丹輪花鉢《くたによしだやあおでみこみぼたんりんかばち》
夢をのせたうつわに想いを。

本書に登場する聚洸の上生菓子の生地と材料

聚洸で使用している御菓子の生地の名称とその材料です。通常「きんとん」は「金団」、「ねりきり」は「練り切り」、「ういろう」は「外郎」と書きますが本書では、ひらがなで表記しています。「薯蕷《じょうよ》」はお店によっては「上用《じょうよう》」としていますが、聚洸では素材のつくね芋から「薯蕷」としています。

薯蕷

つくね芋、上用粉(薯蕷粉)、砂糖

p22(写真)、pp36-37、pp66-67、p86、p112、p115

羽二重(雪平)

羽二重粉、メレンゲ、砂糖

p11(写真)、pp30-31、p53、p60、p71、p92、pp98-99

こなし

あん、小麦粉

p10(写真)、pp18-19、pp44-45、p103、p104、p107

浮島

あん、卵黄、メレンゲ、上用粉、砂糖

p14(写真)

吉野羹

寒天、葛、水あめ、砂糖

p23、p42、p55、p94、p95、pp108-109(写真)

わらび餅(あん入)

本わらび粉、わらび餅粉、砂糖

pp16-17(写真)、p50

きんとん

あん、つくね芋、砂糖

pp8-9(写真)、p21、p26、p29、p48、p61、p68、pp76-77、pp80-81、p113

淡雪羹

寒天、メレンゲ、あん、砂糖

p23(写真)、p42、p94

岡太夫
(あんなし わらび餅)

本わらび粉、砂糖

p97

かるかん

つくね芋、上用粉(薯蕷粉)、卵黄、砂糖

p13、p49

水羊羹

寒天、あん、葛、和三盆糖、砂糖

pp40-41（写真）

道明寺羹

寒天、道明寺、砂糖

p91（写真）

初雁

葛、本わらび粉、百合根、黒糖、砂糖

p27（写真）、p63

芋ねりきり

あん、つくね芋

p85（写真）

ふの焼

小麦粉、上用粉、餅粉、白みそ、砂糖

p28、p54（写真）、p106、p111

葛

葛粉、水あめ、砂糖

p25（写真）、p43、pp56-57、p73、pp74-75、p110

栗あん

栗、砂糖

p96（写真）

ねりきり

あん、餅粉、つくね芋、砂糖

p35（写真）、p60、p87

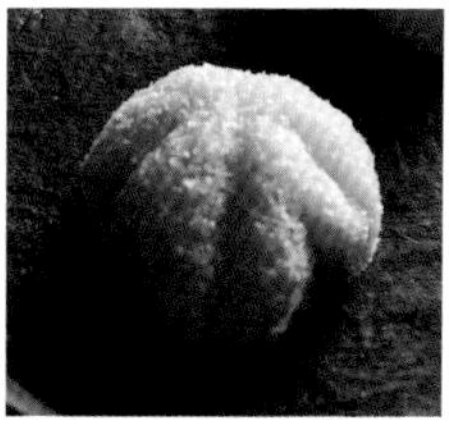

道明寺

道明寺、砂糖

p51、p102（写真）

きんつば

羊羹、小麦粉

pp32-33（写真）

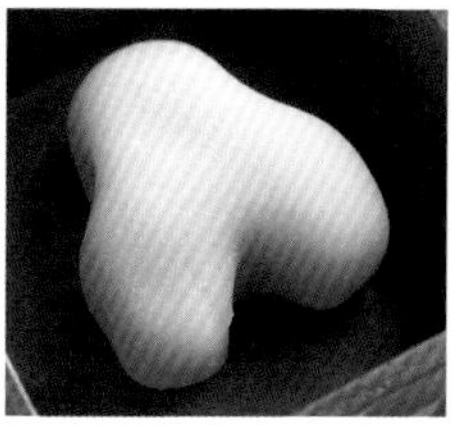

ういろう

上用粉、餅粉、葛、浮粉（小麦でんぷん）、砂糖

p39、p46、p70、p79、p88、p89（写真）、p101、p107

黄身しぐれ

あん、卵黄、上用粉（薯蕷粉）、砂糖

pp64-65、p69（写真）

●源氏物語の人物関係図

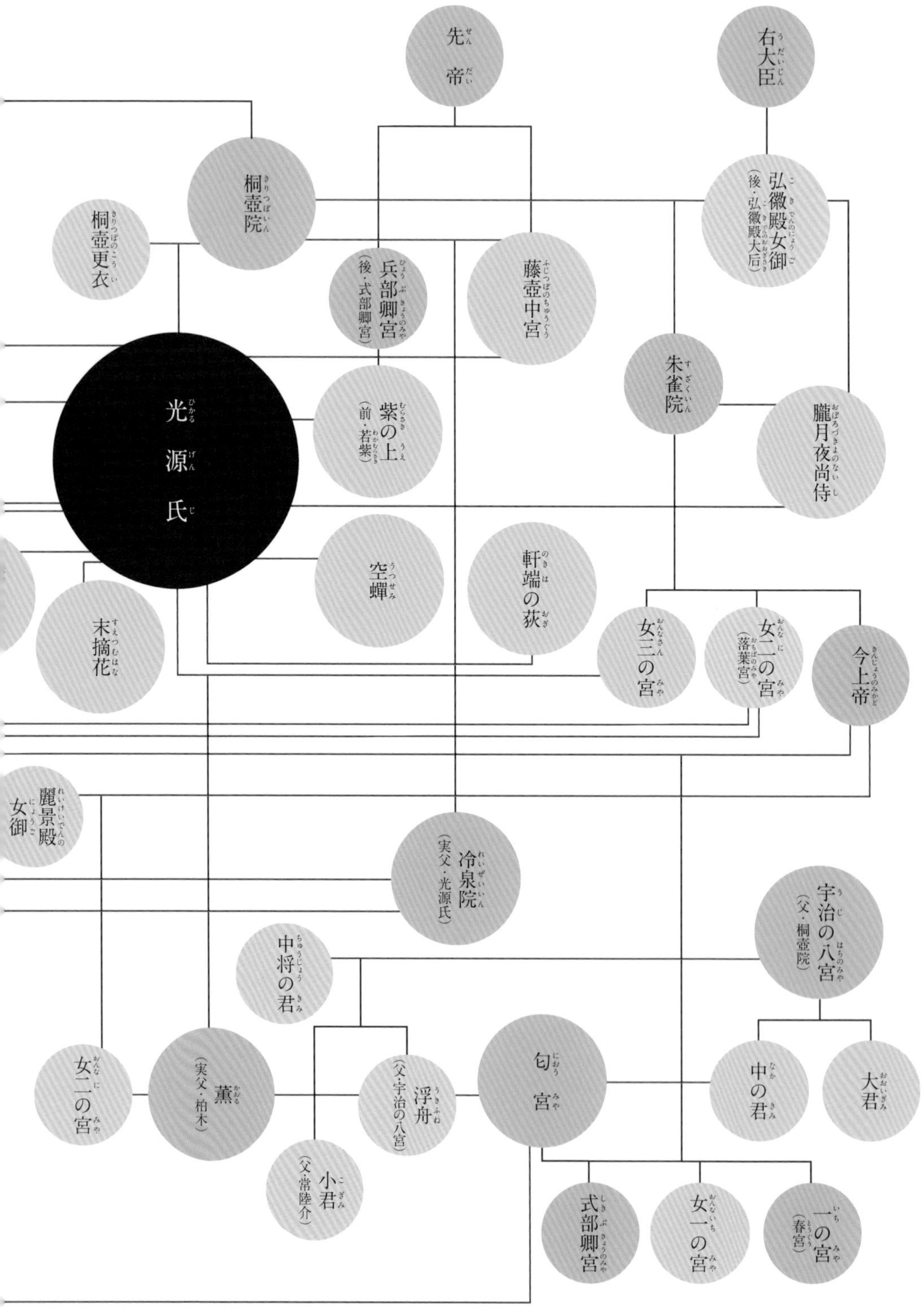
先帝《せんだい》
右大臣《うだいじん》
桐壺院《きりつぼいん》
桐壺更衣《きりつぼのこうい》
弘徽殿女御《こきでんのにょうご》（後・弘徽殿大后《こきでんのおおきさき》）
兵部卿宮《ひょうぶきょうのみや》（後・式部卿宮）
藤壺中宮《ふじつぼのちゅうぐう》
朱雀院《すざくいん》
光源氏《ひかるげんじ》
紫の上《むらさきのうえ》（前・若紫《わかむらさき》）
朧月夜尚侍《おぼろづきよのないし》
空蟬《うつせみ》
軒端の荻《のきはのおぎ》
末摘花《すえつむはな》
女三の宮《おんなさんのみや》
女二の宮《おんなにのみや》（落葉宮《おちばのみや》）
今上帝《きんじょうのみかど》
麗景殿女御《れいけいでんのにょうご》
冷泉院《れいぜいいん》（実父・光源氏）
宇治の八宮《うじのはちのみや》（父・桐壺院）
中将の君《ちゅうじょうのきみ》
女二の宮《おんなにのみや》
薫《かおる》（実父・柏木）
浮舟《うきふね》（父・宇治の八宮）
匂宮《におうみや》
中の君《なかのきみ》
大君《おおいぎみ》
小君《こぎみ》（父・常陸介）
式部卿宮《しきぶきょうのみや》
女一の宮《おんないちのみや》
一の宮《いちのみや》（春宮《とうぐう》）

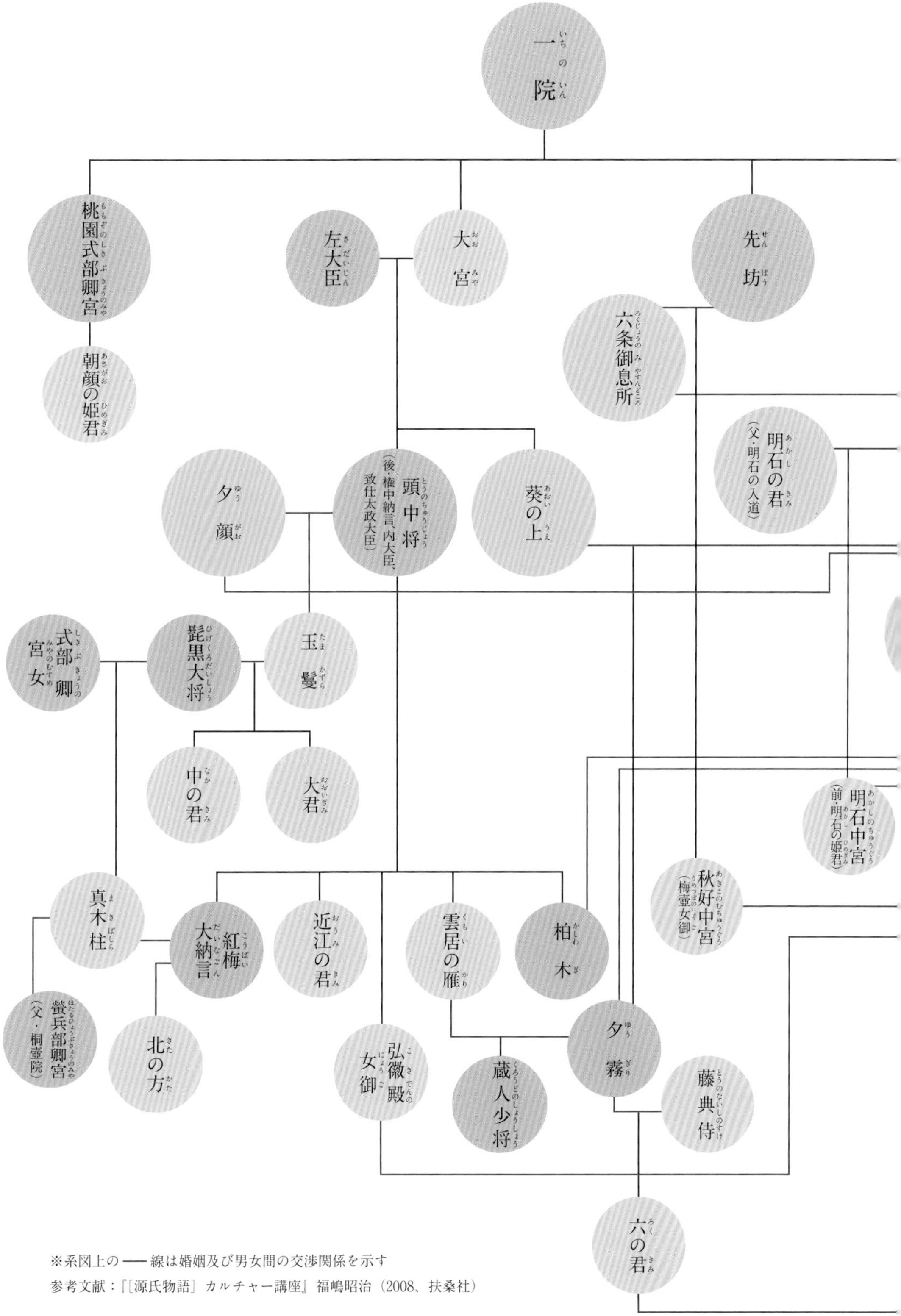

※系図上の ── 線は婚姻及び男女間の交渉関係を示す

参考文献：『[源氏物語] カルチャー講座』 福嶋昭治（2008、扶桑社）

梶　裕子（うつわや あ花音・主人）
高家裕典（御菓子司 聚洸・主人）

あとがきにかえて

――お二人は聚洸さんが独立した頃からのおつきあいですか？

梶　お茶の御稽古で、その日のお菓子が聚洸さんのものだったんですよ。毎月変わるんですが、聚洸さんのお菓子がとても美味しかった。塩芳さんの息子さんが独立しはってと聞いてはいたんですが、でもどこにあるかも知らなくて。じゃあ行ってみようと、その日の帰りに寄りました。

高家　ここができて十四年目になるんですが、早いですね。ぼくは三〇歳でここを始めました。

梶　この「紫香の集い」の前身は、福山で月原さんという方がやっておられた源氏物語の勉強会でした。その時も月に一度福嶋先生をお招きして、源氏を読んでおられました。会で出すお菓子の手配を、途中から私がするようになって、その時はいろいろなお菓子屋さんにお願いしてました。その勉強会が十年かかって、いよいよ終わるという時に、「私継ぎましょうか」といったんですね。すぐに福嶋先生を紹介して戴き、とても聴きやすく面白いお話に一遍に魅了されました。こうして二〇一四年の一〇月から、「紫香の集い」という同じ名前で勉強会を京都でもすることになりました。うちの主人も古美術講座とか勉強会をしているのですが、会の最初にお菓子とお茶で一服召し上がって戴いています。「紫香の集い」でも一服お出しするのに、巻の内容に沿ったお菓子をお出ししたくて、聚洸さんにお願いしようと思いました。まずは美味しいことが一番重要なので。そこで「五年くらいかかりますけれど引き受けて戴けますか？」とお願いしに行くと、「ぼく、源氏物語全く知りませんが」と仰って。普通は知らないですよね。「いいんですか何も知りませんし」、「いや私も何も知りませんから」ということで引き受けてくださいました。

高家　「紫香の集い」も歴史があるんですね、

梶　聚洸さん、何のことか分からないうちに巻き込まれて（笑）。

高家　源氏物語のことを全く何も知らないので、どんなものを作ったらいいか分からない。ただいろいろチャレンジしていいよ、といってくださったんで。やってないこと、触ってないことに挑戦しましたが、多々失敗もありました。

――想いを形にするというのは難しいですよね。

高家　そうですね、最初は全部詰め込もうと思い過ぎたんですね。例えばお題とやらはる時期に合わせて、物語ではない季節感を入れようとしたんですが、あまりそれをやると雁字搦《がんじがら》めになって何もできないんですよね。それで無茶苦茶失敗していました。それから要所要所を絞っていきながら、あとはインスピレーションで湧いたイメージを形にしていく。ちょっと変わっている方が上手く行ったりして、例えばお題が灰のところとか（51頁）人がやっていないところをやったりとか。

梶　玉鬘に通うために髭黒が自分のお家から出ていくんやけれど、そのとき奥方がちょっと物の怪にやられたはって、香炉の灰を髭黒にがーっと被せるというシーンがありました。「どうしますこれ？　灰のお菓子なんて作れます？」と相談したら、「ちょうど五穀米をもらったからこれでやってみましょう」っていわはって。

――これだけたくさんの種類を作られたら、新商品のアイディアに繋がるようなものもあったんではないでしょうか？

高家　抽き出しはすごく増えました。もとからあるお菓子でも自分がやったことのない技法だったり、新しい素材もやらさせてもらったので次、注文来たらいけるな、という感じはありますね。

梶　飴もやったしね（108頁）。

高家　あれもね、気いつけないといけないんですが、溶けてしまうので。

梶　冷蔵庫で冷やしておくとか。

高家　それだったら大丈夫かな。あと煮詰める温度を高めにするとか。沸点というか煮詰めが浅いと溶けやいんですね。口溶けはいいんですが。

梶　撫子《なでしこ》のお菓子を作った時に（46頁）、先生が見はって、この着いているとも着いていないともいえないような淡いピンク色。流石、京都のお菓子やねって仰った。やっぱり何となくそういうところにもね、京都らしさがあって。あんまりストレートなのはやらんとこうね、と二人で話し合ってきました。

高家　猫のしっぽは困りましたけど（笑）。猫は表現のしようもなかったんですよね（64頁）。あれは普段やってない黄身しぐれを使いました。でもあのあとですよ、黄身しぐれ、結構使ってます。

――梶さんがご用意してくださった器も素晴らしかったですが、何か意識したところとかはありますか。

梶　最初は銘々皿で来はった人にお出しできるように数ものと思ってたんです。だから最初の方のお菓子は一つずつ写っているのが多いんですけれど、段々それでは銘々皿が足りなくなって、菓子鉢みたいなものも使うようになりました。

　さあ本にまとめましょうということになってきたら、もっと源氏物語の内容とリンクしてイメージが掴《つか》めるような器がいいな、と思うようになりました。困った時の魯山人、というわけではないのですが、結構魯山人には助けてもらいました。やっぱりお菓子を盛ったら生きてくるし、美しいです。使わせてくれた主人に感謝してます。でも自分の店もあるので、「あ花音」の器も使いたいな、と思い両方を。「あ花音」に関わりのある作家さんたちの作品も、そのうち未来の骨董ではないけれどずっと繋がっていったらいいな、と思っています。

高家　すごい。先を見たはる。

梶　想いだけは強くあります。なかなか理想と現実ってのはむつかしいところがあるけれど。

高家　でも想いから始まらないと、続かないですよね。

梶　だから私の名刺の裏には書いてあるんですよ、Antique for the future. って。全員じゃないとおもうけど、いつかどこかで残っていく人がいたらいいなぁと思ってます。

——それはお菓子も一緒ですよね。

高家　本になるとお菓子は残るんですね、普通は食べたらなくなっておしまいです。

梶　桐壺の巻でも書いてあるけれど、季節毎のお花を見るにつけ、何を見るにつけ、藤壺にこの想いを届けたくて。という言葉があるんやけど、やっぱり分かち合えるということが大事じゃないですか。「このお花、綺麗やわ」って思っても自分一人が綺麗って思ってるだけじゃなくて。「今日のお菓子、こんなん出来てきたん、どう?」って、「いや綺麗やね、美味しいね」紫香の集いのみなさんと分かち合えるのが素敵なことやと思います。そしてその、分かち合うという想いを光村さんが背中を押してくれはったんですね。

私は研究者でもなんでもなく、ただの一読者で、先生に教えてもらってるだけなのに、そんな著者って名前が書いてあって、「え〜」って思ったんですが。でも光村の社長さんがいわはったんは「こんなふうに源氏物語を楽しんでいる人たちがいるんだね、ってそれでいいんじゃないですか」と。そしたら私自身が物語を楽しんでいる一人で、このようにお菓子で味わって、季節を味わってうつわも選んで、それをみんなで分ちあってそれでいいんやったら私にもできるかなと。

高家　いちばん綺麗な気がしますよね。

——「紫香の集い」の方は贅沢ですよね。本を見ながらいろんなことを想いだすわけですから。

梶　でもみんな、「そんなお菓子あった?」って聞かはるんですよ。

高家　時間が経つと、みんなそうなって来るんですね。

梶　この間「聚洸さんの花びら餅、食べたいわ」っていわはった人がいるから、「え、使ってるやん」「え、うそ」「車輪でやったやん」といったら、「そやったっけ?」と全然覚えたらへん（30頁）。もう一回使ってもいいかもしれない（笑）。

高家　たぶん一年前くらいまでは覚えてるけど、その前になってくるとたぶん無理。作ってる本人も忘れてますから。夕顔なんか、失敗しまくって本になるんやったらやり直したい、作り直したいっていい続けてました。いまめちゃめちゃ綺麗なページになってますが（13頁）。かるかんの夕顔が、本当はそぼろで扇形でやったんですけど、上手くいかなくて。ぼくの黒歴史。

梶　どれが一番好きとか、覚えてますか？

高家　最近ではこの間の飴使ったやつとか（108頁）、ちょっと和菓子的じゃない雰囲気のものですね。五穀米は力が入ったなと思って。流石に味までは覚えてないけれど、灰がお菓子になったわ、と。さっきスケッチを見直すと、五穀米はパーセンテージ変えていくつか作った記録が残ってました。

あるんですよ。実家のお菓子が総て美味しいとは思わないし、修業先の芳光もそうですし、その系統のお菓子はとても好きなんですが。あと得意分野はありますよね、羽二重だったり。

梶　羽二重美味しいもん、ふわふわやし。

高家　一人の頭で考えるとお菓子が偏っていってしまうから、だから梶さんがアイディアをくれると助かるんですよ。

——職人の方って、無理いわれると頑張る方って多いですよね。

高家　たぶん作り手は好きなんだと思います。ただ今、お菓子屋さんに話を持っていっても作り手じゃない人が対応するんで、経営者側は余分な仕事を増やしたくないという感じではないでしょうか。昔に較べると徹夜も少なくなりましたし、やったことのないことをする機会も少なくなりました。

梶　栗もよう使ったね。螢のお菓子（44頁）は講座の時には魯山人の銀彩のお皿の上に三つ乗せたんですよ、そしたらいま一つやったんです。この本の撮影で魯山人の木の葉皿に乗せたら、とても綺麗で。全然違うなと。本当に木の葉に止まる蛍みたいに見えました。しかも栗がそのまんま入ってて、美味しくて。

高家　デザインはたいしたことなかったですけれど、中の栗がメインだった（笑）。栗を使うのが楽しくて、栗ばっかりやってた時期があって、その時に栗の渋皮煮をやり始めて、やっとできるようになったので使いたくて。

梶　私は初雁が好きやから、その時期になったらなんとか初雁使いたいとずっと思っていて。百合根を紅白に染めて、太陽と月に見立て、それを初雁で包み込みました（63頁）。

高家　あの時は百合根をふつうに赤に染めようと思っても赤に染まらなくて、百合根の薄皮全部剥《む》かないと。うわ、使えない。どうしようと（笑）。徹夜しながらめくれ、めくれって。とても勉強させてもらいました。次にやったら大丈夫、できますから。

――聚洸さんのお客様ってお茶関係の方が多いのですか？

高家　多いですね、お茶人をメインにしてたつもりはなかったですけれど。半分以上はお茶の方だと思います。

梶　お茶席のお菓子ってその亭主のテーマに沿ったもんじゃないとあかんし、ストレートじゃなくて、あ、そうやったんか。みたいな趣がほしいですよね。紅葉賀（19頁）の時に本当は赤い紅葉にしたかったんやけど、読んだのが4月だったので、紅葉じゃないやろうと。そやし青紅葉にしましたが、あれ私は好きやわ。

高家　昔からのデザインもシンプルで綺麗ですよね。

梶　橘の実もそうやけど（107頁）。

高家　あれもお干菓子とかでよくやりましたけれど。生菓子よりもデザインが残ってますね。短いですけれど十年ちょっとやって来て、見直したら似たり寄ったりが多いですよね、和菓子の生地ってそんなにぎょうさん在るわけじゃないんで。今日、素材を書いていて気がついたんですが、かるかんも薯蕷も材料一緒なんですよ。

梶　ねりきりと芋ねりきりは材料が違うんですね。

高家　芋ねりきりは、矢羽根（85頁）の時に使ってます。黒糖あんを挟んでます。たぶん京都ではあんまりやってないんですよ。名古屋の方で見かけるお菓子で、お正月にやってます。

梶　あれ美味しかったんで、節分の時期に升のかたちに作ってもらったんですよね。

――名古屋と京都で、あんの炊き方などは違うんですか？

高家　基本は一緒ですね。ところどころ違ってるとは思いますが、修業先は少し独特の炊き方をしてますし。

梶　わらび餅もフルフルやもんね。

高家　うちの店では岡太夫のあんなしは本わらび粉だ

けなんですけれど、あん入りの方は本わらび粉とわらび餅粉が入ってます。わらび餅粉はわらび粉とタピオカでんぷんなどが混ざってるやつが在るんです。でないと柔らかい状態が保てないんで。

——お誂《あつら》えの注文を戴いた時は、必ずスケッチを描くのですか？

高家　描きますね、そのままではイメージが分からないので。

梶　これは綺麗やったね、水羊羹（40頁）。岡森さんの写真がまた素敵。

高家　ただの水羊羹やったのに。全然違ったものになってましたから。どこにでもあるような水羊羹がこんな風になるなんて。

梶　この鱗文にのせた蜻蛉も何度見てもうっとり（108頁）。

高家　ちょっと色が透けて入ってきて綺麗でした。器と合わせるととても見え方が変わってきますね。かるかんもほとんどやってなかったのに、今はよく使います。だからやってなかったものをこの「紫香の集い」でさしてもらって、レパートリーとして使えるものがとても増えました。

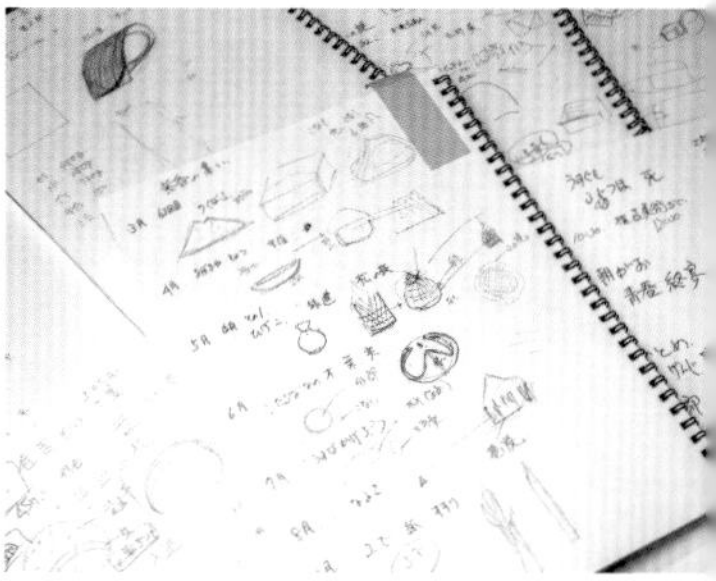

梶　幻の巻では（80頁）、ヒントがお数珠《じゅず》とか曼荼羅《まんだら》と先生からいわれて、どうするんやって（笑）。紫の上が亡くなって、それを一年間この時はああやったなぁ、こうやったなぁって思い出すっていう巻やったんです。ちょうど私の父が亡くなったこともあって、何か幸せな時とか笑ってる時とか、そういう瞬間を想い出すし、お数珠や曼荼羅のヒントやったけれど、思い切り幸せな花園にしてくださいってお願いして。めちゃカラフルなきんとんにしてもらいました。

——これからこういうことしたいとか、何かご希望はありますか。

高家　とりあえず何でもチャレンジしていきたいですね。好き勝手に挑戦したい、お誂えとか御注文がなかったらチャレンジできないんで。うちのお菓子を知ってくれてはって、その上で挑戦したいといってくださる、そういうお客さまは本当にありがたいと思います。ただあまり深く考えていないんですよね、どうなりたいかはあんまりなくて。とにかく好き勝手やりたいです（笑）。あとはとにかく美味しいな、綺麗だなっていってもらえるのが一番嬉しいです。

（二〇二〇年二月　御菓子司 聚洸にて）

監修

福嶋昭治（ふくしま しょうじ）

一九四八年（昭和二三）生まれ。大阪大学文学部国文学科卒業。大阪大学大学院文学研究科修士課程修了。園田学園女子大学名誉教授。専門は『源氏物語』『枕草子』を中心とした平安時代の文学。著書に『［源氏物語］カルチャー講座』（扶桑社）、『源氏物語　紫式部と武生』（福井新聞ＰＲセンター）。共著に『御堂関白記全注釈』（思文閣出版）、『光源氏が見た京都』（学習研究社）など。朝日カルチャーセンター京都・中之島・芦屋の教室、ＮＨＫ文化センター西宮・神戸・京都の教室で、『源氏物語』や『枕草子』・『伊勢物語』など市民対象の古典講読講座を展開している。

著者

梶　裕子（かじ ひろこ）

一九六一年（昭和三六）生まれ。京都女子大学文学部国文学科卒業。裏千家直門。茶名は梶宗裕。冷泉家和歌会において和歌を学ぶ。一九九〇年、南禅寺参道に「うつわや あ花音」を開店。現代作家の作品を扱い、家庭の食卓だけでなく世界へ現代の用の美を提案。旅館客室アートの監修も手がける。二〇二〇年、創業三十年を迎える。夫は梶古美術店店主・七代目、梶高明。

御菓子製作

高家裕典（たかや ひろのり）

一九七五年（昭和五〇）生まれ。京都・西陣の老舗菓子司「塩芳軒」の四代目・次男として育つ。名古屋の「芳光」と実家で、十年の修業後、二〇〇五年「聚洸」を開業する。

御菓子司《おかしし》　聚洸《じゅこう》の源氏物語

発行日：令和二年五月三〇日初版 発行
　　令和六年五月九日初版 二刷発行
監　修：福嶋昭治
著　者：梶　裕子
発行人：山下和樹
発　行：カルチュア・コンビニエンス・クラブ株式会社
　　光村推古書院 書籍編集部
発　売：光村推古書院株式会社
　　京都市中京区河原町通三条上ル下丸屋町四〇七-二
　　電　話：〇七五-二五一-二八八八
　　FAX：〇七五-二五一-二八八一
印　刷：シナノパブリッシングプレス
ISBN978-4-8381-0605-9

撮　影：岡森大輔（御菓子・屏風）
　　田口葉子（対談）
編集・デザイン・装幀：上野昌人